BEI GRIN MACHT SICH IHR WISSEN BEZAHLT

- Wir veröffentlichen Ihre Hausarbeit, Bachelor- und Masterarbeit

- Ihr eigenes eBook und Buch - weltweit in allen wichtigen Shops

- Verdienen Sie an jedem Verkauf

Jetzt bei www.GRIN.com hochladen und kostenlos publizieren

Daniel Kipper

Ökonomische Auswirkungen des Dritte-Welt-Tourismus

GRIN Verlag

Bibliografische Information der Deutschen Nationalbibliothek:

Die Deutsche Bibliothek verzeichnet diese Publikation in der Deutschen National-
bibliografie; detaillierte bibliografische Daten sind im Internet über http://dnb.d-
nb.de/ abrufbar.

Impressum:

Copyright © 2004 GRIN Verlag GmbH
Druck und Bindung: Books on Demand GmbH, Norderstedt Germany
ISBN: 978-3-640-28197-8

Dieses Buch bei GRIN:

http://www.grin.com/de/e-book/23440/oekonomische-auswirkungen-des-dritte-
welt-tourismus

Inhaltsverzeichnis:

Seite

<u>1 Einleitung und Problemstellung:</u>

Durch vermehrte Freizeit, kürzere Arbeitszeit, steigende Löhne, mehr Urlaubstage und einen Wertewandel (von dem nach Erfolg- strebendem Individuum hin zum Genuss- Menschen; vor allem in den Industrieländern) hat der Tourismus in den letzten Jahrzehnten stark an Bedeutung gewonnen. Auch der technische Fortschritt hat sich positiv auf die Entwicklung des Fremdenverkehrs ausgewirkt. Mittlerweile macht sich diese Entwicklung auch sehr stark in den Entwicklungsländern bemerkbar, die ein starkes Ansteigen bei den Übernachtungszahlen ausländischer Touristen registrieren konnten.

Dieser verstärkte Tourismus in die Länder der Dritten Welt hat starke Auswirkungen auf das jeweilige Zielland und auf die dort lebende Bevölkerung. In dieser Hausarbeit sollen die wirtschaftlichen Effekte des Dritte- Welt- Tourismus dargestellt und beschrieben werden.

Die Entwicklungsländer haben meist eine (stark) defizitäre Zahlungsbilanz; d.h. es werden weit mehr Sach- und Humangüter sowie Dienstleistungen und Kapital importiert als exportiert. Da es sehr schwer ist, den Import zu verringern und / oder die Exporterlöse zu steigern, (da die ausländischen Märkte meist verschlossen sind oder keine "interessanten" Produkte im eigenen Land hergestellt werden können) sehen die Entwicklungsländer im Tourismus eine große Chance ihre Situation entscheidend zu verbessern.

(Quelle: EISENSTEIN, B., 1995, S.27 ff)

Allerdings bringt der Fremdenverkehr nicht nur positive, sondern auch negative wirtschaftliche Effekte mit sich, die ebenfalls in diesem Referat dargestellt werden.

<u>2 Merkmale von Entwicklungsländern:</u>

Wenn wir das Wort "Entwicklungsländer" hören kommt die Frage auf, wodurch Entwicklungsländer beschrieben sind oder welche Länder wirklich Entwicklungsländer sind. Auf diese Fragen gibt es keine allgemeine Antwort, da es keine allgemeine Definition von Entwicklungsländern oder eine Liste gibt, auf der diese aufgeführt wären.

Allerdings gibt es einige Merkmale, die Entwicklungsländer charakterisieren:

- Relativ hohes Bevölkerungswachstum
- Geringe Lebenserwartung
- Niedriges Pro- Kopf- Einkommen
- Schlechte Gesundheitsversorgung

- Niedriger Lebensstandard

- Anteilsmäßig viele Beschäftigte im primären Sektor

- Niedrige Alphabetisierungsrate

- Defizitäre Zahlungsbilanzen (auf Grund des hohen Imports und des schwachen Exports)

- Zunehmender Verschuldungsgrad

(Quelle: JOB et al.2003, S. 629; vgl.. FANDEL U. 1988/89 S.24)

3 Entwicklung und Potential des Tourismus in Entwicklungsländer sowie des internationalen Tourismus:

3.1 Die wirtschaftliche Attraktivität des internationalen Tourismus:

Wie in der Einleitung bereits erwähnt steckt im Tourismus ein großes finanzielles Potential, welches die Entwicklungsländer nutzen wollen, um ihre Situation (in 2. Aufgeführten Punkte) zu verbessern.

Folgende Punkte zeigen die wirtschaftliche Attraktivität des Tourismus:

Tourismus:

- stellt den größten Industriezweig dar

- hat 1995 mehr als 3,4 Billionen US- Dollar an Wertschöpfung erzielt; das sind 10,9% des weltweiten BSP

- beschäftigt ca. 212 Millionen Menschen weltweit; das sind 10,7% aller Erwerbstätigen; somit ist fast jeder Neunte in einem dem Tourismus zuzuordnenden Bereich beschäftigt

- investiert pro Jahr ca. 700 Milliarden US- Dollar in neue Einrichtungen und Kapitalausstattungen; das sind 11,4% der weltweiten Gesamtinvestitionen

- 655 Milliarden US- Dollar an direkten und indirekten Steuern entrichtet; das sind 11,1% des globalen Steueraufkommens

- schneller als die Weltwirtschaft hinsichtlich des Ertrages, des Wertezuwachses, des investierten Kapitals und der Beschäftigtenzahlen wächst

(Quelle: AGEL et al, 1998 , S.829)

3.2 Die Entwicklung des Fremdenverkehrs in Entwicklungsländern:

Laut „The Econonomist Intellegence Unit von 1994 gehen rund 80 % der internationalen Reisetätigkeit von Reisenden aus nur 20 Ländern aus. Auch hinsichtlich der Zieldestinationen empfangen die Industrieländer mehr als die Hälfte aller weltweiten Touristenankünfte. Allerdings ist der europäische Markt zunehmend gesättigt. Das hat zur Folge, dass nun andere Zieldestinationen

vor allem in Asien und der Pazifik Region zunehmend frequentiert werden. Das heißt also, dass die Bedeutung des Reisens in die Dritte Welt ansteigt. Folgende Zahlen, die den Zeitraum zwischen 1990 und 1995 zeigen, belegen diese Behauptung: die Länder der Dritten Welt erlebten einen Zuwachs von mehr als 2 % ihres Marktanteils, während die Industrieländer einen Verlust von ca. 5 % hinnehmen mussten. (vgl. AGEL, P. et al. 1998, S. 829)

Der Tourismus in Entwicklungsländer hat in den letzten Jahren demnach stark an Bedeutung gewonnen. Durch die technische Entwicklung seit der 50er Jahre, den Wertewandel bei der Bevölkerung der Industriestaaten sowie durch die attraktive Pflanzen- und Tierwelt und die Kultur der Entwicklungsländer, werden diese als Zieldestinationen immer beliebter.

Im Jahr 1980 wurden gerade mal 10% aller weltweiten Touristenankünfte in einem Entwicklungsland verzeichnet. Dies hat sich aber in den letzten 20 Jahren stark verändert. Im Jahr 2000 waren nämlich schon ca. 33% aller Touristenankünfte in einem Entwicklungsland.

(Quelle: JOB et al. 2003, S. 629)

Diese Entwicklung hat dazu geführt, dass Tourismus mittlerweile in jedem dritten Entwicklungsland die Haupteinnahmequelle darstellt. Dass aus dieser Situation auch negative Folgen entstehen können wird später noch aufgezeigt.

Beispiel der Dominikanischen Republik:

Einige der heute sehr wichtigen Reiseländer waren in den 70er Jahren nur schwach in den internationalen Tourismus integriert. Die wohl beispielloseste Entwicklung vom unbedeutenden Urlaubsland zu einem der wichtigsten touristischen Ziele erfuhr die Dominikanische Republik. Der hier vornehmlich ausgeübte Bade- und (Sex-) Tourismus führte durch staatliche Maßnahmen der Regierung und durch vorwiegend ausländische Investitionen zu einem wahrem Boom.

Seit 1986 ist der Tourismus für die Dominikanische Republik größter Devisenbringer. Im Jahr 1993 waren die Deviseneinnahmen durch den Tourismus auf 1,24 Milliarden US- Dollar gestiegen. Das entspricht 70 % der gesamten Deviseneinnahmen dieses Landes. Experten prognostizierten weitere starke Zuwächse.

In der Tabelle (1) wird die Entwicklung des Tourismus in der Dominikanischen Republik deutlich. So stiegen die Besucherzahlen von 1970 von 87.000 in nur 10 Jahren auf 566.000. Dies bedeutet eine Steigerung von 550 % also von 55 % pro Jahr des Untersuchungszeitraumes von 1970 bis 1980. Im Jahr 1994 erreichte die Besucherzahl den Wert von 1,75 Millionen. Dies entspricht einer erneuten Steigerung von 210 % (innerhalb der

14 Jahren).

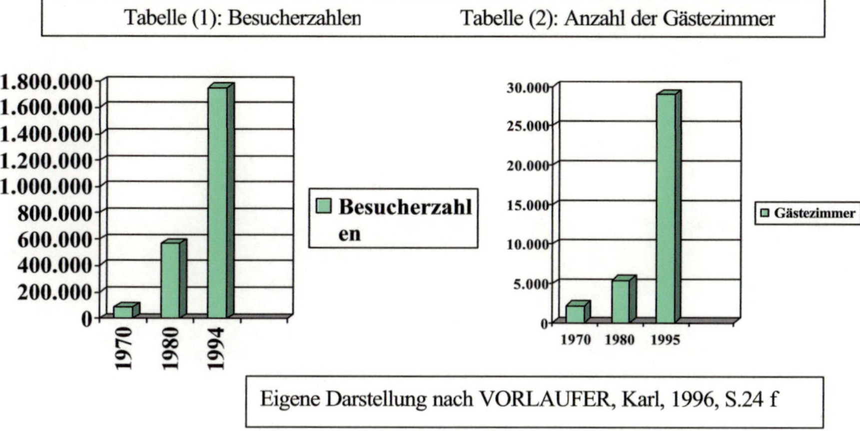

Diese Entwicklung wird auch in der Tabelle (2) deutlich. So stieg die Anzahl der
Gästezimmer von 1970 (2.200) auf 5.400 im Jahre 1980. Im Jahr 1995 gab es 1995 bereits
29.000 Gästezimmer. Dies entspricht einer Steigerung von ca.1.200 % im gesamten
Untersuchungszeitraum. (Quelle: VORLAUFER, K.1996, S.24/25)

<u>4 Mögliche Effekte des Entwicklungsländertourismus:</u>

<u>4.1 Devisenzufluss und Devisenabfluss:</u>

<u>4.1.1 Bruttodeviseneffekt:</u>

Der Bruttodeviseneffekt der Empfängerländer (hier: der Entwicklungsländer) entspricht der
Devisenausgaben der Entsenderländer, nicht aber den Ausgaben der Reisenden. Das liegt daran,
dass ein Großteil der von den Touristen getätigten Ausgaben in deren jeweiligen Heimatländern
verbleibt. Dies ist besonders bei Veranstalterreisen der Fall, da hier z.B. die Kosten für den
Transport zur Zieldestination (z.B. Flugzeug, Bus usw.) die Umsätze des Veranstalters darstellen.
„Nur die Anteile, die auf ausländische Leistungen zurückgehen führen zu Devisenausgaben in das
jeweilige (hier) Entwicklungsland." Der Bruttodeviseneffekt beschreibt also den Devisenfluss, den ein
Land durch den Tourismus zugeführt bekommt.

(Quelle: EISENSTEIN, B. 1995, S.28 f)

<u>4.1.2 Sickerrate:</u>

„Mit Sickerrate ist der Anteil an den Deviseneinnahmen gemeint, der wegen der zur Erstellung des touristischen Angebots notwendige Importe wieder aus dem Land abfließt (z.B. Importe für die Ausstattung der Hotels, Marken- Konsumgüter wie Spirituosen)" (Quelle: JOB et. al. 2003, S.634).

Diese Sickerrate variiert von Land zu Land sehr stark. Im Allgemeinen kann man folgende Punkte für eine Steigerung der Sickerrate verantwortlich machen:

- Je mehr Waren, Dienstleistungen und Kapital importiert werden müssen, desto höher ist die Sickerrate
- Je abgelegener und weniger erschlossen ein Land, desto höher ist die Sickerrate

Dies ist vor allem bei kleineren Inselstaaten der Fall, da diese nur wenig Raum, Arbeiter und Kapital zur Verfügung haben, um selbstständig eine dem Import entgegenwirkende Volkswirtschaft aufzubauen. Ein Beispiel hierfür sind die Seychellen, die einen sehr großen Teil des von Touristen eingeführten Kapitals erneut in Importe investieren müssen.

Des Weiteren kommt es auf die Form des in dem jeweiligen Land vorwiegend betriebenen Tourismus an, wie hoch die Sickerrate ausfällt. Luxustourismus zum Beispiel verursacht eine höhere Sickerrate als Tourismus der hauptsächlich in Hotels der unteren Kategorien, Pensionen und anderen weniger komfortableren Einrichtungen stattfindet. Da Luxustouristen immer mehr Importgüter und auch eine besser ausgebaute Infrastruktur fordern als Touristen, die sich mehr den Lebensbedingungen der einheimischen Bevölkerung anpassen steigt auch die Sickerrate. So liegt der Importanteil bei Luxustourismus bei 23,1% während er bei Tourismus der in den Mittelklassehotels und Pensionen stattfindet nur eine Sickerrate in Höhe von 15,1% verursacht. (Quelle: EISENSTEIN, B. 1995, S.30)

Aus ökonomischer Sicht wäre es für die Entwicklungsländer demnach sinnvoll den Tourismus zu fördern der hauptsächlich in den Hotels der unteren Kategorien und Pensionen stattfindet.

Folgende Punkte zeigen die Hauptgründe für die meist sehr hohen Sickerraten in den Entwicklungsländern:

- Errichtung der Infrastruktur
- Verpflegung der Touristen
- Löhne für ausländische Mitarbeiter und Experten
- Ausgaben für die Werbung im Ausland
- Zins- und Tilgungsleistungen bei ausländischen Kreditgebern

- Geändertes Konsumverhalten der Inländer durch den Demonstrationseffekt der Touristen; die Folge ist ein höherer Importbedarf

diesem Punkt verursachte Sickerrate nicht gemindert werden, da keine Industrie oder qualifizierte Arbeiter vorhanden sind (vor allem in kleineren Inselstaaten)

Folgende Tabelle (3) Zeigt die Höhe der geschätzten Sickerrate für einige Länder:

Land	Jahr	Wert	Quelle
Bermudas	1975	66,3%	World Tourism Organsisation (Hg.) (1984, S.25)
Fiji	k.A.	60%	CLEVERDON (1979, S.30)
Mauritius	k.A.	50% 90%	OESTREICH (1982,S.271) CLEVERDON (1979, S. 31)
Antillen	k.A.	75%	OESTREICH (1984, S. 124)
Seychellen	k.A.	47-66%	WOLF H.(1983, S.260)
BR Deutschland (alt)	1988	25%	DEUTSCHER REISEBÜROVERBAND (DRV)(Hg.)(1989), S.21
Frankreich	1988	5%	DEUTSCHER REISEBÜROVERBAND (DRV)(Hg.)(1989),S.21
Kanada	1988	0%	DEUTSCHER REISEBÜROVERBAND (DRV)(Hg.)(1989),S.21

Quelle: EISENSTEIN, B. 1995, S.32-35

4.1.3 Nettodeviseneffekt:

Der Nettodeviseneffekt beschreibt das Kapital, das wirklich in dem jeweiligen Zielland verbleibt. Der Nettodeviseneffekt ergibt sich also aus dem Bruttodeviseneffekt abzüglich der Sickerrate.

Dieses Geld steht nun einem Land wirklich zur Verbesserung der defizitären Zahlungsbilanzen zur Verfügung.

4.2 Beschäftigungseffekte:

Ein sehr großes Problem, welches in allen Entwicklungsländern auftritt ist die enorme Arbeitslosigkeit, die sich auch immer weiter verstärkt. Hier kann der Tourismus als Wirtschaftsbereich Abhilfe schaffen. Tourismus ist sehr arbeitsintesiv und weniger kapitalintesiv und bietet sich somit an um die katastrophale Situation in den Entwicklungsländern nachhaltig zu verbessern.

Nach Wirth wirkt sich der Fremdenverkehr dreifach positiv aus:

1. Im touristischen Sektor finden viele Menschen Arbeit, da er sehr arbeitintensiv ist
2. Durch die vom Tourismus verstärkte Zulieferung von anderen Sektoren wie z.B. der Landwirtschaft, dem Handel, den Banken und der Industrie kommt es zu Rückkopplungseffekten, die sich ebenfalls positiv auf die Beschäftigung auswirken.

3. Es kommt zu einer Erhöhung der effektiven Nachfrage, wodurch wiederum die Investitionsbereitschaft der Unternehmen steigt

Man unterscheidet nun die Beschäftigungseffekte in direkte, indirekte und induzierte:

1. direkte Effekte: sind die Effekte, die in den Betrieben des Fremdenverkehrs auftreten z.B. in Hotels, in Gaststätten, Restaurants und Souvenirläden usw.

2. indirekte Effekte: sind die Effekte, die bei den vorgelagerten Zulieferern der Fremdenverkehrsbetriebe auftreten z.B. in der Landwirtschaft

3. induzierte Effekte: sind die Effekte, die durch die Einkommenssteigerung der einheimischen Bevölkerung zu einer größeren Konsumnachfrage führen

Quelle: EISENSTEIN, B.1995, S.42 ff; vgl. FANDEL, U. 1988/89 S. 30 ff

<u>Beispiel:</u>

Während in Indien mit 95.000 Beschäftigten im Tourismussektor von insgesamt 325 Mio. Beschäftigten der Anteil bei nur 0,03 % liegt, ist der Wert in anderen Entwicklungsländern weit höher. In Singapur arbeiten von ca. 1,25 Mio. Erwerbstätigen rund 130.000 direkt im Tourismus; das macht einen Anteil von 10,4%. Auf den Seychellen ist dieser Sachverhalt noch weit signifikanter. Hier sind 20,3% der Erwerbstätigen im touristischen Sektor beschäftigt.

Die Beschäftigungseffekte sind in den ärmsten Entwicklungsländern am geringsten. Dies ist eine Folge des meist höheren Einkommens, der im Tourismus arbeitenden Personen, gegenüber den Durchschnittseinkommen in den jeweiligen Ländern.(vgl. DWIF, 1990, S.26)

Allerdings hat der Beschäftigungseffekt auch einen negativen Aspekt. Durch den Tourismus werden in den Ländern zumeist nur saisonale Arbeitsplätze geschaffen. Außerdem werden eher unqualifizierte Arbeitskräfte (z.B. Kellner, Küchenhilfen) gesucht. Die einheimische Bevölkerung kann aber oft in die Führungspositionen hineinwachsen. Allerdings ist der Prozess sehr langwierig.

<u>4.3 Multiplikatoreffekte:</u>

Die durch den Tourismus verursachte Nachfrage nach Gütern und Dienstleistungen und die damit verbundene Bereitstellung von Arbeitsplätzen führt unmittelbar auch zu einer Einkommenserhöhung der Beteiligten. Die von den Urlaubern getätigten Ausgaben fließen in einer Stufenfolge den mit dem Fremdenverkehr verbundenen Wirtschaftszweigen zu. Dieser Effekt heißt Multiplikatoreffekt. (Quelle: FANDEL, U 1988/89, S.33 f)

„Der touristische Multiplikator gibt an, um ein wie Vielfaches der anfänglich getätigten Ausgaben das Einkommen im Endeffekt erhöht wird, nachdem mehrere Stadien durchlaufen wurden."(KASPAR, C. 1975)

Folgende Tabelle (4) zeigt die direkte und indirekte Wirkung des Tourismus auf verschiedene Wirtschaftsektoren:

Direkte Wirkung		Indirekte Wirkung	
1. Gastgewerbe	42%	Baugewerbe/Handwerk	8%
2. Einzelhandel	6%	Ernährungswirtschaft	5%
3. Freizeit/Unterhaltung	5%	Private Dienstleister	5%
4. Eisenbahn	5%	Bank/Spatkasse	3%
5. Reisemittler/-veranstalter	3%	Energieversorgung	3%
6. Luftfahrt	2%	Versicherung	2%
7. Kur- und Tourismusorganisationen	2%	Öffentliche Dienstleister	2%
8. Busverkehr	1%		
9. Schifffahrt	1%		

Quelle: HARRER, B. 2003, S. 158

4.4 Die inflationäre Wirkung:

Eine weitere Folge des Fremdenverkehrs in Entwicklungsländer kann eine erhöhte Inflationsrate sein. Durch die Touristen können die Preise vor allem für bestimmte Lebensmittel in die Höhe getrieben werden. Diese Wirkung wird noch verstärkt, da die Touristen einen Demonstrationseffekt auf die einheimische Bevölkerung ausüben und sich somit deren Kaufverhalten ändert. Dadurch werden gewisse Lebensmittel sehr stark konsumiert, wodurch deren Preise steigen. Durch einen expandierenden Fremdenverkehr wird also die Inflation in dem jeweiligen Zielland gefördert. Hier kann jedoch in Produkte unterschieden werden, zwischen denen, die im eigenen Land hergestellt werden und denen, die importiert werden müssen. Bei Produkten, die importiert werden müssen, ist die inflationäre Wirkung nicht so hoch wie bei einheimischen Produkten.

Quelle: FANDEL, U., 1988/89, S.35

4.5 Die Abhängigkeit der Entwicklungsländer vom internationalen Tourismus:

4.5.1 Der Anteil des Tourismus am Bruttosozialprodukt eines Landes:

Da die Entwicklungsländer oft nur wenige andere Exporterlöse neben dem Tourismus zur Verfügung haben wird die Abhängigkeit vom internationalen Tourismus immer größer. Damit sind sie allerdings

vielen Gefahren ausgesetzt. Eine solche Gefahr kann zum Beispiel ein Rückgang des Realeinkommens in den Herkunftsländern der Touristen sein. Durch solche Ereignisse kann der Incoming- Tourismus in den Zielländern starke Rückgänge erleiden. Dies führt dann unwillkürlich zum Nicht- Auslasten der vorhanden Bettenkapazitäten und somit zu großen finanziellen Einbußen. Mittlerweile ist Fremdenverkehr in jedem dritten Entwicklungsland die Haupteinnahmequelle. (vgl. JOB et al. 2003 S.629)

Die Abhängigkeit der Länder (hier: Entwicklungsländer) vom internationalen Tourismus kann an dem Beitrag, den der Tourismus, zum jeweiligen Bruttosozialprodukt beisteuert, erkannt werden.

In folgender Tabelle (5) sind zehn Entwicklungsländer, ihr Bruttosozialprodukt und der Beitrag, den der Tourismus zum jeweiligen BSP leisten, aufgeführt (1988):

	BSP In Mio. US-$	Beitrag des Tourismus Zum BSP in Mio. US-$	Prozentualer Anteil
Ägypten	33.250	693,3	2,1
Indien	271.440	803,5	0,3
Indonesien	75.960	731,7	1,0
Jamaika	2.610	349,2	13,4
Kenia	8.310	271,4	3,3
Mexiko	151.870	2353,4	1,5
Seychellen	260	52,9	20,3
Singapur	24.010	2475,4	10,3
Sri Lanka	7.020	53,6	0,8
Thailand	54.550	1918,1	3,5

Quelle: DWIF, 1990 "Wirtschaftsfaktor Ferntourismus", S. 23, aus The World Bank Atlas 1989; IMF, Balance of Payments Yearbook

Aus der obigen Tabelle wird ersichtlich, dass die Seychellen einen sehr hohen Anteil ihres Bruttosozialproduktes mit Hilfe des Tourismus erwirtschaften. Der Tourismus hat auf den Seychellen folglich eine sehr hohe Bedeutung. In absoluten Werten ist der Beitrag des Tourismus in Singapur und in Mexiko am höchsten. Mit Hilfe dieser Tabelle wird klar, dass die Bedeutung des Tourismus umso höher ist, je begrenzter die räumliche Ausdehnung und geringer die Bevölkerung in den Zielländern ist (Seychellen, Jamaika, Singapur). (vgl. DWIF 1990, S.23).

Auf den Malediven ist der Anteil des internationalen Tourismus am Bruttosozialprodukt im Jahr 1997 sogar auf 95% gestiegen.(vgl. JOB et al. 2003, S.634)

4.5.2 Die Fremdenverkehrsintensität:

Eine weitere Methode zur Feststellung der Abhängigkeit der Entwicklungsländer vom internationalen Tourismus ist die Berechnung der Fremdenverkehrsintensität. Die Fremdenverkehrsintensität errechnet sich aus den Ausländerübernachtungen pro 100 Einwohner. (DWIF,1990, S.24)

=> Fremdenverkehrsintensität = Ausländerübernachtungen / 100 Einwohner

Folgende Tabelle (6) zeigt die jeweilige Bevölkerung, die Ausländerübernachtungen und die daraus errechnete Fremdenverkehrsintensität (1988):

	Bevölkerung (in Tausend)	Übernachtungen der Ausländer (in Tausend)	Fremdenverkehrsintensität (p.a.)
Ägypten	51.447	16.886	32,8
Indien	813.990	24.800	3,0
Indonesien	174.832	26.022	14,9
Jamaika	2.429	11.031	454,1
Kenia	23.021	9.477	41,2
Mexiko	83.593	112.000	134,0
Seychellen	68	1.053	1548,5
Singapur	2639	11.344	429,9
Sri Lanka	16.565	2.300	13,9
Thailand	54.469	30.968	56,9

Quelle: DWIF, 1990, S.24. aus World Bank Atlas 1989 und WTO

<u>4.5.3 Die Ermittlung der notwendigen Anzahl der Ausländerübernachtungen zur Steigerung des BSP um 1%:</u>

Um die wirtschaftlichen Auswirkungen des Tourismus auf die jeweilige Volkswirtschaft zu verdeutlichen wurde eine besondere Kennziffer erstellt. Diese Kennziffer gibt an, wie viele Ausländerübernachtungen nötig sind um das Bruttosozialprodukt des jeweiligen Ziellandes um 1% zu erhöhen. Diese Kennzahl erhält man durch Division von 1% des BSP durch den absoluten Beitrag pro Übernachtung (ohne Personenbeförderung) zum BSP.

Die untere Tabelle (7) zeigt die notwenige Anzahl der Ausländerübernachtungen um 1% des BSP zu produzieren sowie tatsächliche Zahl der Übernachtungen und den Beitrag des Tourismus (ohne Personenbeförderung) zum BSP (1988)

	Übernachtungen (in Mio.) zur Erziel. v.1% des BSP	Tatsächliche Zahl der Übernachtungen (in Mio.)	Beitrag des Tourismus zum BSP (ohne Personen= beförderung) in Prozent
Ägypten	11,5	16,9	1,5
Indien	92,6	24,8	0,3
Indonesien	28,0	26,0	0,9
Jamaika	1,0	11,0	11,0
Kenia	3,6	9,5	2,6
Mexiko	77,5	112,0	1,4
Seychellen	0,06	1,1	18,3
Singapur	2,1	11,3	5,4
Sri Lanka	4,7	2,3	0,5
Thailand	9,9	31,0	3,1

Quelle: DWIF, 1990, S. 24. aus Berechnungen der Weltbank 1989 und WTO

<u>5 Faktoren, die die Entwicklung des Dritte- Welt- Tourismus beeinflussen:</u>

Es gibt verschiedene Faktoren, die auf die Entwicklung des Dritte- Welt- Tourismus Einfluss nehmen können. Dabei wird in solche unterschieden, die im Quellgebiet, also dem Herkunftsland des Touristen wirken und solchen, die im Zielgebiet wirken. Einige dieser Faktoren wirken nachfragehemmend andere wirken nachfragesteigernd.

<u>Im Quellgebiet wirkende Faktoren:</u>

<u>Nachfragesteigernd:</u>

1.technische Entwicklung, welche ein Sinken der Transportkosten bedeuten kann

2.Wertewandel, weg von dem nach Erfolg, Ansehen und Geld Strebendem, hin zum Genussmenschen, der eher die Freizeit schätzt

3.Globalisierung

<u>Nachfragehemmend:</u>

1.Rückgang des Realeinkommens

2.Erhöhung der Transportkosten

<u>Im Zielgebiet:</u>

<u>Nachfragesteigernd:</u>

1.Devisenbedarf

2.Verringerung der Importabhänigkeit

3.Erhoffen eines Beschäftigungseffektes

4.Außergewöhnliche Kultur sowie exotische Tier- und Pflanzenwelt

<u>Nachfragehemmend:</u>

1.Politische Konflikte

2.Umweltkatastrophen (Erdbeben, Überflutungen, Vulkanausbrüche usw.)

3.Menschenrechtsverletzungen

4.Kriminalität

5.Schlechte hygienische Situation (z.B. Verbreitung von Krankheiten und Epidemien)

(Quelle: JOB et al. 2003, S.635)

6 Gegenüberstellung der Vor- und Nachteile des Entwicklungsländertourismus:

Wie wir gesehen haben hat der Tourismus sowohl positive als auch negative Folgen für ein Land und dessen Bevölkerung. In folgender Darstellung (8) sind noch einmal die wichtigsten Vor- und Nachteile des Entwicklungsländertourismus zusammengefasst:

Mögliche positive Effekte	**Mögliche negative Effekte**
•Deviseneffekte •Beschäftigungseffekte •Multiplikatoreffekte •Ausbau der Infrastruktur •Regionale Entwicklung und damit Disparitätenabbau (in anderer Literatur wird der Entwicklungsländertourismus auch für Disparitätenaufbau verantwortlich gemacht)	•Sickerrate •Preissteigerungen •Monostrukturierung •Ungleicher Zugang zur Infrastruktur (kein Nutzen für die Allgemeinheit) •(Vorwiegend einfache Beschäftigungsmöglichkeiten)

Quelle: Eigene Darstellung vgl. JOB et al. 2003, S. 635

7 Die Entwicklungsphasen der Tourismuskritik:

Die Tourismuskritik hat in den letzten vergangenen 40- 50 Jahren eine Entwicklung durchlebt. Vor allem durch den Tourismus in Entwicklungsländer erlebte die Tourismuskritik drei völlig voneinander unterschiedliche Phasen (laut JOB et al. gibt es mittlerweile noch eine vierte, die hier aber außer Acht gelassen werden kann und nur kurz angesprochen wird).

Die erste Entwicklungsphase der Tourismuskritik beschränkt sich auf die Zeit zwischen 1960 bis 1970. Diese Phase war vor allem von Euphorie geprägt. Durch den Einsatz erster Großraumflugzeuge (erster Jumbo 1969) und der damit verbundenen weltweiten Steigerung des Fremdenverkehrs prognostizierten die meisten Experten „ökonomische Segnungen" , vor allem für die Länder der Dritten Welt. Durch den Tourismus sollte es nun möglich gemacht werden, das extreme Wohlstandsgefälle zwischen den Ländern der Dritten Welt und den Industrieländern zu verringern.

Durch diese Phasen kam es zu vielen touristischen Großprojekten in Ländern der Dritten Welt z. B. in Marokko, Kamerun, Nepal (AGEL, P. et al.1998, S.832 f.) Das heißt in der ersten Phase überwiegen die positiven Effekte des Tourismus.(JOB et al.2003, S.636 f.)

Die zweite Entwicklungsphase war geprägt von der Ernüchterung. Diese Phase vollzog sich in den Jahren von 1970 bis 1985. Zu diesem Zeitpunkt wurde klar, dass die oft viel zu optimistisch vorausgesagten Ergebnisse des Tourismus nicht eingehalten werden konnten. Außerdem wurden nun

die Negativwirkungen des Tourismus offensichtlich. Neben der Frage ob der Tourismus überhaupt einen wirtschaftlichen Nutzen für ein Land bringt, wurden die negativen Auswirkungen auf die Ökologie und die negativen sozio-kulturellen Aspekte deutlich. (AGEL, P. et al.1998, S.833) Zu dieser Phase kam es also vermutlich, da die kapitalaufwendige erste Phase der Entwicklung des Tourismus (durch Infra- und Suprastrukturaufbau) unterschätzt wurde.

In dieser Phase überwiegen also die Contra- Argumente. (JOB et al.2003, S.636 f.)

Ab dem Jahr 1985 kam es zur <u>dritten Phase</u> dieser Entwicklung. Diese Phase wird auch als Differenzierungsphase bezeichnet. Die Argumente pro und contra wurden nun für jedes Land bzw. für jede Zieldestination einzeln betrachtet und ausgewertet. Verallgemeinerungen ob Tourismus in Entwicklungsländer nun gut oder schlecht ist wurden weitgehend vermieden. (AGEL, P. et al.1998,S.833)

Diese Phase beschreiben JOB et al. als die der sachlichen Diskussion.

Die <u>vierte Phase</u> der Globalisierung führt zu noch mehr Reisetätigkeit und Kontakten physischer (z.B. Reisen in ein Land) und virtueller Art (z.B. durch das Internet). (JOB et al. 2003, S.636 f.)

<u>8 Fazit:</u>

Der Gegensatz zwischen den Industriestaaten und den Entwicklungsländern ist enorm groß. Es fließen zwar Gelder in Form von Entwicklungshilfe von den Industrieländern in die Länder der Dritte-Welt, jedoch reichen diese bei Weitem nicht aus, um das große Wohlstandsgefälle zu minimieren.

Nun besteht für die Entwicklungsländer im Tourismus eine große Chance diese Situation zu verbessern und durch Devisenzufluss das Leid der Bevölkerung in ihrem eigenen Land zu mindern.

Allerdings bringt der Tourismus neben den ökologischen und sozio- kulturellen auch negative wirtschaftliche Folgen mit sich, die berücksichtigt werden müssen.

Meiner Meinung nach ist der Tourismus für die Entwicklungsländer eine unverzichtbare Einnahmequelle, die auf jeden Fall genutzt werden muss. Allerdings müssen die (wirtschaftlichen) negativen Folgen durch weitere Kritik und Lösungsansätze erkannt und so klein wie möglich gehalten werden.

Wenn, wie auf den kleinen Inselstaaten, (wie z.B. den Malediven oder die Seychellen) die Sickerrate sehr hoch ist, muss versucht werden, durch möglichst geeigneten Tourismus diese zu senken.

Allerdings ist auch hier meiner Meinung nach Tourismus als Devisenbringer unverzichtbar, da gerade in solchen kleinen Staaten keine geeignete Industrie aufgebaut werden kann, die den Tourismus als Devisenbringer auch nur im Entferntesten ersetzten könnte. Wenn dann erst mal die

kapitalaufwendigste Phase nämlich die des Infrastrukturaufbaus abgeschlossen ist, kann mehr des von Touristen ins Land gebrachte Geld auch in diesem verbleiben.

Um den Nutzen für die jeweiligen Zielländer zu steigern gilt es die Sickerrate zu senken, die realen Einkommen der einheimischen Bevölkerung zu steigern, das auswärtige Eigentum zu senken, vorwiegend einheimische Arbeiter zu beschäftigen, lokale Investitionen zu bevorzugen, lokale kleinere Unternehmen zu fördern und die ortsansässige bzw. lokale Industrie zu nutzen und aufzubauen. Akteure dieser Entwicklung müssen die jeweilige Regierung, die Tourismuswirtschaft, internationale Organisationen sowie die internationalen Geldgeber sein.

Durch diese Maßnahmen wird der Tourismus für die Entwicklungsländer attraktiver und das Wohlstandsgefälle kann zunehmend verringert werden.

(Quelle: FORUM UMWELT UND ENTWICKLUNG.1998, S.14 f.)

Literaturverzeichnis:

- EISENSTEIN, Bernd (1995): Wirtschaftliche Effekte des Fremdenverkehrs, Trierer Tourismus Bibliographien Band 4, 2. aktualisierte Auflage. Trier

- JOB, Hubert; WEIZENEGGER, Sabine (2003): Tourismus in Entwicklungsländern – In: BECKER, C.; HOPFINGER, H.; STEINECKE, A. (Hrsg.): Geographie der Freizeit und des Tourismus. Bilanz und Ausblick. München. S. 629-640

- DEUTSCHES WIRTSCHAFTSWISSENSCHAFTLICHES INSTITUT FÜR FREMDENVERKEHR an der Universität München (DWIF). Projektleiter Koch, Alfred (1990): Wirtschaftsfaktor Ferntourismus. München

- AGEL, P.; ENDE, C.; HÖFELS, T. (1998): Dritte- Welt- Tourismus – In: HAEDERICH, G. et al. (Hrsg.) Tourismus- Management: Tourismus- Marketing und Fremdenverkehrsplanung, 3.Auflage. Berlin, New York. S.829- 842

- FORUM UMWELT UND ENTWICKLUNG (1998): Positionspapier des Forum Umwelt und Entwicklung zur Umwelt- und Sozialverantwortlichkeit des Tourismus im Rahmen einer nachhaltigen Entwicklung. Bonn

- FANDEL, U. (1988/89): Die ökonomische Bedeutung des Fremdenverkehrs in Entwicklungsländern. Oberseminar Fremdenverkehrsgeographie, Leitung: Becker, C. Trier

- VORLAUFER, Karl (1996): Tourismus in Entwicklungsländern. Möglichkeiten einer nachhaltigen Entwicklung. Darmstadt

- HARRER, Bernhard (2003): Wirtschaftsfaktor Tourismus –In: BECKER, C.;HOPFINGER, H.; STEINECKE, A. (Hrsg.): Geographie der Freizeit und des Tourismus. Bilanz und Aussicht. München. S. 149-158